PASTA CORÉE

파스타 꼬레
한식 재료로 만든
가정식 퓨전 파스타
목진희 지음
다독다독

기존의 음식 경험을 뛰어넘는 특별한 맛, 한식 파스타

비빔국수만큼 쉽고 간단한 서양 요리 중 하나가 파스타입니다. 정통 파스타는 종종 재료 구하기가 어렵지만 한식 파스타는 평소 우리 식탁에 자주 오르는 음식이나 밑반찬 재료만 가지고도 충분합니다. 집밥만큼 만들기 쉽고 건강하며, 레스토랑에서나 시판 파스타 소스로는 경험하기 힘든, 특별한 매력의 한식 파스타를 소개합니다.

· **전통 한식을 응용한 파스타**
불고기, 제육볶음, 삼계탕 등 대표적인 한식의 풍부한 양념과 고유의 맛을 살린다.

· **한식 재료로 만든 파스타**
깻잎, 쑥갓, 취나물, 시래기, 굴 등 한식 재료의 독특한 향과 식감이 매력이다.

· **장맛을 살린 파스타**
정통 파스타 소스에 한식 양념(간장, 된장, 고추장, 고춧가루, 들기름)을 가미해 특별하면서도 조화롭다.

· **한식 해산물 냉 파스타**
신선한 제철 해산물에 한식 소스로 양념한 차가운 면을 곁들여 가볍게 즐긴다.

차례

3
장맛을 살린 파스타

4
한식 해산물 냉 파스타

일러 두기 | 모든 레시피는 1인분 기준이며 2인분의 경우 소스 양을 2.5배 정도 늘린다.
요리 과정은 면을 삶은 이후의 과정을 설명한 것이며 면 삶는 방법은 **파스타 면 삶기(p.15)**를 참고한다.

파스타 면의 종류

파스타는 롱 파스타와 쇼트 파스타로 나뉜다. 롱 파스타는 이름처럼 긴 국수 모양이다. 쇼트 파스타는 튜브나 나비, 바퀴 등 모양과 크기가 다양하다. 롱 파스타는 50원짜리 동전 크기, 쇼트 파스타는 종이컵 1컵(70g), 새 둥지처럼 둥글게 말려있는 파스타는 3~4개가 1인분이다.

Farfalle

파르팔레 나비 모양에서 착안한 이름. 토마토소스, 치즈 소스, 크림소스 등 대부분의 파스타 소스와 어울린다.

Penne

펜네 양 끝이 사선으로 잘린 모양이 펜촉 같다 하여 붙여진 이름. 토마토소스, 라구 소스와 잘 어울린다.

Rigatoni

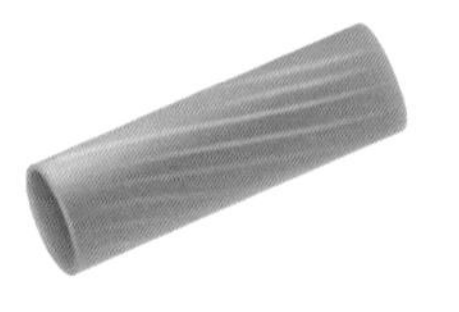

리가토니 둥근 관 모양으로, 관 안에 소스가 들어가면서 맛이 밴다. 크림소스, 토마토소스, 라구 소스와 어울린다.

Macaroni

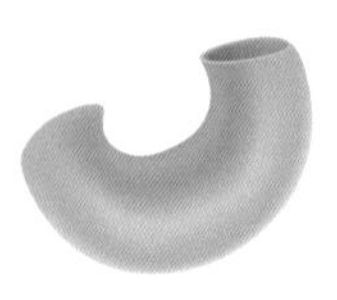

마카로니 샐러드에 자주 사용하며 종종 수프에 넣는다. 진한 크림소스나 치즈 소스와 어울린다.

Rotelle

로텔레 바퀴 모양으로, 가벼운 토마토소스와 어울린다.

Conchiglie

콘길리에 표면에 가는 줄무늬가 있는 조개껍질 모양으로, 크기에 따라 샐러드나 핑거푸드에 사용한다. 페스토 소스나 토마토소스와 어울린다.

면을 고를 때는 색깔과 표면의 질감을 확인한다. 대부분의 파스타 면이 노란색을 띠는 것은 주재료인 듀럼밀에 카로티노이드 색소가 풍부하기 때문이다. 노란색이 너무 진하면 고온에서 건조해 품질이 좋지 않은 것이므로 되도록 밝은 호박색을 고른다. 표면에 검거나 흰 반점이 보이면 제조 과정에서 불순물이 섞이거나 건조 과정에 문제가 있을 수 있으므로 주의한다. 표면이 매끄럽고 반질반질한 것보다 다소 거친 면이 소스를 잘 흡수한다. 밀가루에 예민하다면 유기농 밀이나 통밀, 달걀노른자로 만든 면을 추천한다. 제품마다 삶는 시간이 다르므로 겉 포장지에 표기된 삶는 시간을 확인한다.

Fusilli

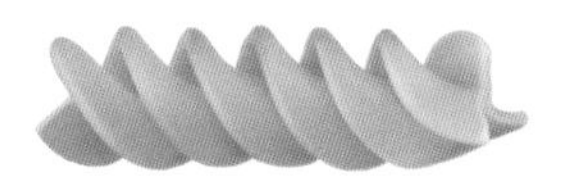

푸실리 꽈배기 모양으로, 냉 파스타나 샐러드, 그라탱에 사용한다. 토마토소스, 크림소스와 어울린다.

Spaghetti

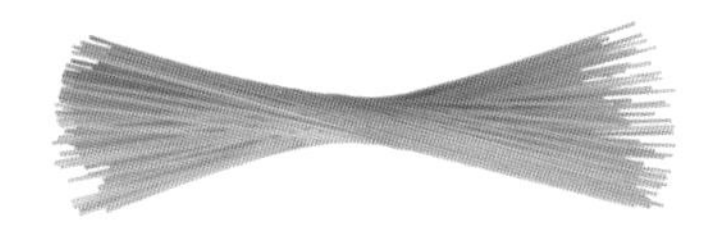

스파게티 가장 대중적인 면으로, 파스타라고 하면 보통 스파게티를 떠올린다. 토마토소스, 크림소스, 오일 소스 등 모든 소스와 어울린다.

Nero di seppia

오징어 먹물 스파게티 오징어 먹물이 함유된 검은색 파스타로, 특유의 감칠맛이 있다. 오일이나 크림소스로 만든 해산물 파스타와 어울린다.

Capellini

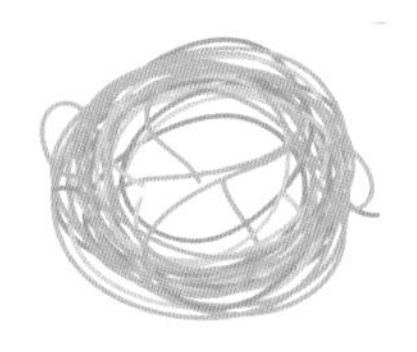

카펠리니 가늘고 길어 '엔젤 헤어'라고도 불린다. 샐러드나 냉 파스타에 어울린다.

Tagliatelle

탈리아텔레 칼국수처럼 넓적하고 긴 모양이 특징이다. 당근이나 시금치로 색을 내기도 한다. 크림소스나 미트 소스, 버터 소스 등 진한 소스와 어울린다.

Fettuccine

페투치네 탈리아텔레보다 약간 두꺼운 로마식 탈리아텔레. 납작하고 넓은 파스타는 라구 소스, 크림소스와 같은 진한 소스와 어울린다.

기본 소스

토마토소스 + 고춧가루
매운맛이 살짝 느껴지면서 뒷맛이 깔끔하다.

토마토소스 + 고추장
매콤달콤 진득한 토마토소스가 감칠맛을 더한다.

크림소스 + 달걀노른자
달걀노른자가 크림소스의
고소한 맛을 살린다.

크림소스 + 치즈
크림소스에 치즈의 진한 풍미를 더
해 고소하고 부드럽다.

올리브유 + 생토마토
토마토 과즙이 올리브유에 스며들면
서 감칠맛을 낸다.

면 삶기

삶는 시간

제품 포장지에 표기된 시간보다 2분 정도 덜 삶는다. 포장지에 적힌 시간을 그대로 지키면 삶은 면을 소스에 넣고 볶는 과정에서 면이 불 수 있다. 단, 냉 파스타(콜드 파스타)는 표기된 시간을 그대로 지킨다.

물의 양

1인분 기준 1~1.5L가 적당하다. 물의 양이 적으면 면끼리 달라붙어 골고루 익지 않는다.

삶는 방법

1. 1인분 기준 물 1~1.5L, 소금 1작은술을 냄비에 넣고 물이 팔팔 끓어오르면 면을 넣는다.
2. 처음 50~60초가량 면끼리 붙지 않도록 살살 저어가며 끓이다가 제품 포장지에 표기된 시간보다 2분 정도 덜 삶는다.
3. 체에 밭쳐 물기를 뺀다. (냉 파스타는 삶은 뒤 찬물에 헹군다)

*준비할 양이 많거나 다른 요리와 동시에 파스타를 만들 경우 면을 3분 정도 덜 삶아서 올리브 오일을 발라 두면 표면에 오일 코팅이 되어 면이 잘 불지 않는다.

면수

면을 삶고 난 물은 버리지 말고 1인분 기준 1컵 정도 남겨 소스의 농도나 짠맛을 조절할 때 사용한다.

육수 베이스

소스의 농도를 조절할 때 면수 대신 육수를 사용하면 한결 깊고 진한 맛을 낼 수 있다.

새우 육수

새우 머리와 꼬리를 우려 육수로 사용하면 진한 감칠맛이 난다. 특히 새우 머리는 국물에 고소함을 더한다.

채소 육수

대파, 당근, 양파 등 음식을 만들고 애매하게 남은 채소들은 비닐 팩에 따로 모았다가 채소 육수로 활용한다.

다시마 건새우 육수

다시마와 말린 새우를 함께 우리면 깔끔하면서도 깊은 감칠맛이 난다.

조리 도구

냄비

면이 서로 달라붙지 않고 골고루 익을 수 있도록 충분히 깊은 냄비.

프라이팬

스테인리스 팬 또는 코팅 팬. 스테인리스 팬은 열전도가 빨라 열 조절이 어려울 수 있으므로 요리에 능숙하지 않다면 코팅 팬을 추천한다. 코팅이 벗겨지기 전 팬을 교체한다면 안심하고 요리를 더 쉽게 할 수 있다.

젓가락

나무로 된 긴 젓가락. 뜨거운 열기가 손으로 전달되지 않고, 조리 시 냄비나 팬에 흠을 내지 않는다.

볼

스테인리스 볼. 깨질 염려가 없고 뜨거운 재료를 담아도 유해 성분 걱정 없이 안심하고 사용할 수 있다. 꽁꽁 언 육류도 스테인리스 볼에 두면 더 빨리 해동된다. 열전도가 빠르므로 너무 뜨거운 재료는 주의한다.

채반

삶은 파스타 면의 물기를 뺄 때 사용한다.

피클

아스파라거스 피클

재료| 아스파라거스 8개, 양파 ¼개, 슬라이스한 레몬 3조각, 청양고추 1개

단촛물| 피클링스파이스 1큰술, 재료량에 따라 물 2 : 식초 1 : 설탕 1 : 소금 0.3의 비율

1 아스파라거스 밑동은 슬라이서로 껍질만 살짝 벗긴 뒤 병 높이에 맞춰 자르고, 레몬, 양파, 고추도 적당한 크기로 잘라 병에 넣는다.

2 냄비에 식초를 뺀 단촛물 재료를 모두 넣고 끓인 뒤 마지막에 식초를 넣고 30초 정도 더 끓인다. 뜨거운 단촛물을 병에 붓는다.

3 병뚜껑을 열고 열기를 살짝 식힌 뒤 상온에서 2일 정도 숙성 후 냉장고에서 하루 더 숙성한다.

오이 양파 피클

재료| 샐러드용 오이 4~5개, 양파 ¼개, 슬라이스한 레몬 3조각

단촛물| 피클링스파이스 1큰술, 재료량에 따라 물 2 : 식초 1 : 설탕 1 : 소금 0.3의 비율

1 샐러드용 오이와 양파, 레몬을 먹기 좋게 썰어 병에 넣는다.

2 냄비에 식초를 뺀 단촛물 재료를 모두 넣고 끓인 뒤 마지막에 식초를 넣고 30초 정도 더 끓인다. 뜨거운 단촛물을 병에 붓는다.

3 병뚜껑을 열고 열기를 살짝 식힌 뒤 상온에서 2일 정도 숙성 후 냉장고에서 하루 더 숙성한다.

마늘종 피클

재료| 마늘종 4줄기, 통마늘 6~7톨 슬라이스한 레몬 3조각, 홍고추 1개

단촛물| 피클링스파이스 1큰술, 재료량에 따라 물 2 : 식초 1 : 설탕 1 : 소금 0.3의 비율

1 병 높이에 맞춰 마늘종을 자르고 통마늘은 꼭지 부분을 잘라낸다. 적당한 크기로 자른 레몬, 홍고추와 함께 병에 넣는다.

2 냄비에 식초를 뺀 단촛물 재료를 모두 넣고 끓인 뒤 마지막에 식초를 넣고 30초 정도 더 끓인다. 뜨거운 단촛물을 병에 붓는다.

3 병뚜껑을 열고 열기를 살짝 식힌 뒤 상온에서 2일 정도 숙성 후 냉장고에서 하루 더 숙성한다.

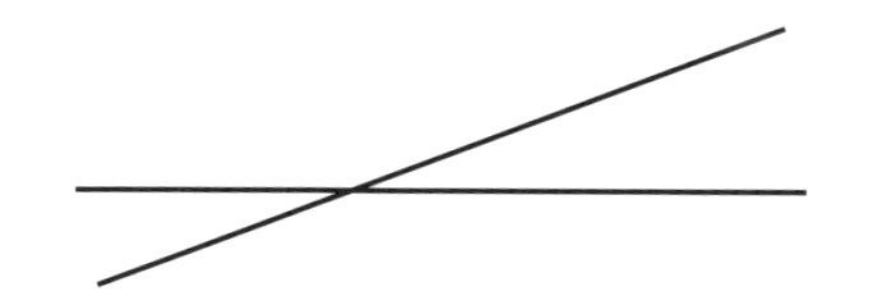

전통 한식를 응용한 파스타

불고기, 제육볶음, 삼계탕 등
대표적인 한국 요리의 풍부한 양념과
고유의 맛을 살린 파스타

불고기 표고버섯페스토 라자냐

2인분

- 라자냐 4장
- 표고버섯 10~12개
- 양파 1/2개
- 다진 마늘 1/2큰술
- 생크림 80ml
- 양념 소불고기 300g
- 모차렐라치즈 취향껏
- 올리브오일
- 소금, 후추
- 생바질
- (드라이한) 화이트와인 60ml
- 파르마지아노레지아노치즈 2큰술

1. 달군 팬에 오일을 두르고 다진 표고버섯, 다진 양파, 다진 마늘을 넣고 볶는다.
2. 화이트와인을 추가하고 알코올이 날아가면 소금, 후추로 간한다.
3. 파르마지아노레지아노치즈를 갈아서 생크림과 함께 팬에 넣고 살짝 졸인다.
4. 다른 팬에 양념 소불고기를 바짝 볶아서 잘게 다진다.
5. 라자냐를 포장지에 표기된 시간보다 3분 정도 덜 삶는다.
6. 오븐 용기에 3의 표고버섯페스토를 먼저 깔고 삶은 라자냐 – 불고기 – 표고버섯 페스토 순서로 라자냐 4장을 모두 쌓는다.
7. 맨 위에 모차렐라치즈를 올리고 180~200도로 예열된 오븐에서 10~15분 정도 익힌다.

불고기 크림파스타

1인분

- 페투치네 70~80g
- 마늘 1톨
- 대파 10cm
- 불고기용 소고기 120g
- 생크림 1/2컵
- 면수 1/2컵
- 올리브유
- 소금, 후추
- 치즈(선택)

불고기 양념

- 간장 3큰술
- 설탕 1작은술
- 참기름 약간
- 다진 마늘 1/2작은술
- 생강즙 약간
- 맛술 1큰술

1 소고기를 불고기 양념으로 밑간한다.

2 파스타 면(페투치네)을 삶는다.

3 달군 팬에 오일을 두르고 다진 마늘과 송송 썬 대파를 볶아 향을 낸다.

4 불고기를 팬에 추가해서 볶다가 고기가 익으면 생크림과 삶은 면을 넣고 2분 정도 더 볶는다.

5 면수로 농도를 맞추며 볶다가 면이 적당히 익으면 소금, 후추로 간한다.

6 그릇에 파스타를 담고 기호에 따라 치즈를 뿌린다.

육전 크림파스타

1인분

- ·스파게티 70~80g
- ·양파 1/2개
- ·육전용 소고기 3장
- ·생크림 1/2컵
- ·달걀 1개
- ·밀가루 1컵
- ·들깻가루 1큰술
- ·면수 1/2컵
- ·올리브유
- ·소금, 후추

1 파스타 면(스파게티)을 삶는다.

2 육전용 소고기 앞뒤로 밀가루를 묻히고 달걀물을 입혀 육전을 부친 뒤 식으면 손가락 길이로 채 썬다.

3 달걀 지단을 부쳐서 손가락 길이로 채 썬다.

4 달군 팬에 오일을 두르고 다진 양파를 볶다가 생크림과 들깻가루를 넣고 볶는다.

5 삶은 면과 면수를 팬에 추가해서 2분 정도 볶다가 기호에 맞게 소금, 후추로 간한다.

6 그릇에 파스타를 담고 달걀 지단과 육전을 가지런히 올린다.

사골 크림파스타

1인분

- ·스파게티 70~80g
- ·마늘 1톨
- ·대파 5cm
- ·사골 육수 한 그릇
- ·샤부샤부용 소고기 3~5장
- ·생크림 1/3컵
- ·소금, 후추

1 파스타 면(스파게티)을 삶는다.

2 팬에 사골 육수와 송송 썬 대파, 다진 마늘을 모두 넣고 한소끔 끓인다.

3 생크림과 삶은 면을 팬에 추가해서 2분 정도 볶다가 기호에 맞게 소금, 후추로 간한다.

4 마지막에 소고기를 넣고 살짝 익혀서 그릇에 담는다.

소고기카레 감자크림 파스타

1인분

·스파게티 70~80g
·양파 1/2개
·불고기용 소고기 100g
·카레 가루 2큰술
·생크림 1/2컵
·면수 1/2컵
·올리브유
·소금, 후추

크리미 감자소스

·감자 1개
·마늘 2톨
·설탕 1작은술
·버터 1조각
·물 1/3컵
·생크림 1/3컵
·소금, 후추

1 소고기는 소금과 후추로 밑간하고 감자와 통마늘은 끓는 물에 삶는다.

2 파스타 면(스파게티)을 삶는다.

3 삶은 감자와 통마늘, 크리미 감자소스 재료를 믹서에 모두 넣고 갈아서 크리미감자소스를 만든다.

4 달군 팬에 오일을 두르고 채 썬 양파를 볶아 향을 낸 뒤 밑간한 소고기를 볶는다.

5 면수를 팬에 추가하고 한소끔 끓어오르면 카레 가루를 넣고 덩어리지지 않게 잘 풀어 준다.

6 삶은 면과 생크림을 추가하고 2분 정도 약한 불에서 저어가며 끓인다.

7 그릇에 크리미 감자소스를 넓게 깔고 파스타를 올린다.

소고기 건표고 파스타

1인분

- ·스파게티 70~80g
- ·마늘 1톨
- ·건표고 1개
- ·소고기 100g
- ·청양고추 1개
- ·건표고 불린 물 ½컵
- ·간장 1큰술
- ·참기름 1큰술
- ·올리브유
- ·소금, 후추

1 건표고는 물에 불려 먹기 좋게 썰고 불린 물은 따로 담아 둔다.

2 파스타 면(스파게티)을 삶는다.

3 달군 팬에 오일을 두르고 다진 마늘을 볶아 향을 낸다.

4 소고기와 송송 썬 청양고추를 팬에 추가해서 볶다가 기호에 맞게 소금, 후추로 간한다.

5 고기가 익으면 표고버섯을 추가해서 볶다가 삶은 면과 간장, 건표고 불린 물을 넣고 2분 정도 볶는다.

6 소스가 면에 적당히 배면 그릇에 담고 참기름을 살짝 두른다.

장조림 숙주 파스타

1인분

·스파게티 70~80g

·마늘 1톨

·소고기 장조림 80g

·숙주 한 줌

·쪽파 약간

·장조림 양념 국물 ½컵

·올리브유

·소금, 후추

1 파스타 면(스파게티)을 삶는다.

2 달군 팬에 오일을 두르고 숙주와 쪽파를 가볍게 볶은 뒤 소금, 후추로 살짝 간한다.

3 다른 팬에 오일을 두르고 다진 마늘을 볶은 뒤 장조림 국물을 넣는다.

4 3번 팬에 삶은 면을 넣고 소스가 면에 배도록 중약불로 2분간 볶은 뒤 장조림을 넣는다.

5 그릇에 볶아 둔 숙주와 쪽파를 깔고 파스타를 먹기 좋게 올린다.

돼지고기 콩비지 김치 파스타

1인분

·스파게티 70~80g
·마늘 2톨
·콩비지 1컵
·잘 익은 배추김치 60g
·양배추 한 줌
·다진 돼지고기 100g
·달걀노른자 1개
·들기름 2큰술
·면수 1/2컵
·올리브유
·소금, 후추

1 김치는 물에 한 번 씻어서 작게 자르고 양배추는 채 썬다.
2 파스타 면(스파게티)을 삶는다.
3 달군 팬에 오일을 두르고 다진 마늘로 향을 낸 뒤 다진 돼지고기를 볶는다.
4 김치와 양배추를 팬에 추가해서 볶다가 콩비지를 넣고 볶는다.
5 삶은 면과 면수를 추가하고 2분 정도 더 볶다가 기호에 맞게 소금, 추후로 간한다.
6 들기름을 넣고 고르게 섞은 뒤 그릇에 담고 달걀노른자를 올린다.

대파 제육 파스타

1인분

· 스파게티 70~80g
· 마늘 1톨
· 대파 7cm
· 제육볶음용 돼지고기 100g
· 토마토 페이스트 1/2컵
· 면수 1/2컵
· 올리브유
· 소금, 후추

제육볶음 양념

· 고춧가루 1큰술
· 고추장 1큰술
· 설탕 1작은술
· 다진 마늘 1/2작은술
· 맛술 1큰술
· 참기름
· 소금, 후추

1 돼지고기는 제육볶음 양념으로 밑간한다.
2 파스타 면(스파게티)을 삶는다.
3 달군 팬에 오일을 넉넉히 두르고 다진 마늘과 송송 썬 파를 볶아 향을 낸다.
4 양념된 고기를 팬에 추가해서 볶다가 고기가 익으면 토마토 페이스트를 넣고 볶는다.
5 삶은 면과 면수를 추가하고 2분 정도 더 볶다가 기호에 맞게 소금, 후추로 간한다.
6 그릇에 파스타를 담고 파를 가늘게 썰어 올린다.

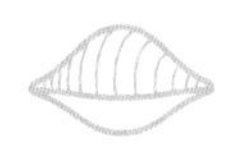

삼계 크림파스타

1인분

- ·콘길리에 70~80g
- ·삼계탕 닭고기 살 80g
- ·대파 약간
- ·생크림 ½컵
- ·달걀지단 약간
- ·버터 1조각
- ·들깻가루 1큰술
- ·삼계탕 국물 ½컵
- ·말린 대추 1개

1 삼계탕에서 닭고기 살만 발라낸다.

2 파스타 면(콘길리에)을 삶는다.

3 달군 팬에 버터와 닭고기, 송송 썬 대파를 넣고 살짝 볶는다.

4 삼계탕 국물을 팬에 추가한 뒤 삶은 면과 생크림을 넣고 2분 정도 볶는다.

5 들깻가루를 뿌려 고르게 섞은 뒤 그릇에 담고 얇게 썬 대추와 달걀지단을 올린다.

새싹삼 갓김치 항정살 파스타

1인분

- 스파게티 70~80g
- 항정살 80g
- 잘 익은 갓김치 100g
- 새싹삼
- 올리브오일 2큰술
- 통마늘 2개
- 멸치액젓 2큰술
- 소금, 후추

1 파스타 면(스파게티)을 삶는다.

2 갓김치는 속 양념을 모두 털어낸 뒤 물에 헹구고 잘게 다진다.

3 달군 팬에 오일을 살짝 두르고 항정살을 노릇하게 굽다가 소금, 후추로 간한 뒤 먹기 좋게 잘라 따로 담아 둔다.

4 3번 팬에 다진 갓김치와 슬라이스한 마늘을 넣고 가볍게 볶는다.

5 삶은 면과 구운 항정살을 추가해서 볶다가 기호에 맞게 멸치액젓으로 간한다.

6 그릇에 파스타를 담고 새싹삼을 올린다.

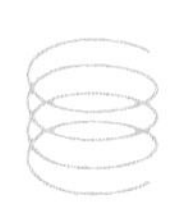

간장게장 감태 냉 파스타

1인분

- 카펠리니 70~80g
- 간장게장 약 1마리
- 청양고추 1/2개
- 레몬즙 1큰술
- 영양 부추 다짐 1큰술
- 감태 가루 약간
- 들기름 2큰술
- 간 마늘 한꼬집

1 파스타 면(카펠리니)을 포장지에 표기된 시간대로 충분히 삶아서 찬물에 헹구고 물기를 뺀다.

2 간장게장의 살과 알을 분리해서 넉넉한 볼에 담아 둔다.

3 삶은 파스타 면, 영양 부추 다짐, 들기름, 레몬즙, 간 마늘을 2번 볼에 넣고 살살 버무린 뒤 기호에 따라 간장게장 양념을 추가한다.

4 게딱지에 파스타를 채워 담고 청양고추와 감태 가루를 올린다.

물만두 라비올리

1인분

- 냉동 물만두 10~13개
- 마늘 1톨
- 표고버섯 1개
- 올리브유

옥수수소스

- 통조림 옥수수 1/3컵
- 생크림 1/3컵
- 물 1/2컵
- 소금, 후추

1 표고버섯은 먹기 좋게 자르고 냉동만두는 미리 꺼내 해동한다.

2 소스 재료를 믹서에 모두 넣고 갈아서 옥수수소스를 만든다.

3 달군 팬에 오일을 두르고 다진 마늘을 볶아 향을 낸 뒤 버섯을 볶는다.

4 버섯이 살짝 익으면 2의 옥수수 소스와 냉동 물만두를 팬에 추가하고 중약불로 2~3분간 저어가며 끓인다.

5 소스가 줄어들기 시작하면 약한 불로 줄이고 기호에 맞게 소금, 후추로 간한다.

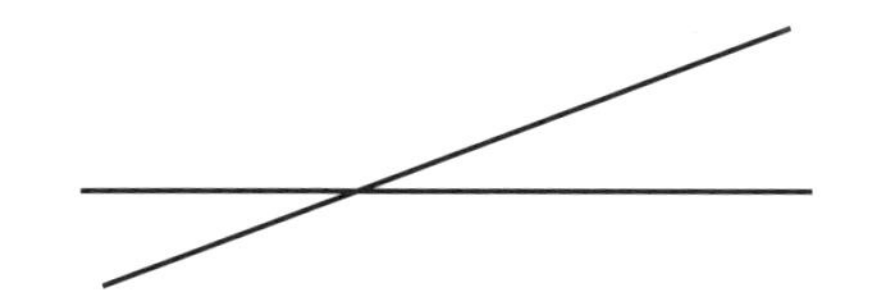

한식 재료로 만든 파스타

깻잎, 쑥갓, 취나물, 시래기, 굴 등
고유의 향과 식감을 가진 한식 재료로 만든 파스타

깻잎 고등어 파스타

1인분

- ·스파게티 70~80g
- ·마늘 3~4톨
- ·대파 약간
- ·고등어 반 마리
- ·레몬즙 1/2컵
- ·깻잎 3~5장
- ·고춧가루 약간
- ·쌀뜨물
- ·면수 1/2컵
- ·올리브유
- ·소금, 후추

1 고등어는 쌀뜨물에 10분 정도 담근 뒤 레몬즙, 올리브유, 소금, 후추로 밑간한다.

2 파스타 면(스파게티)을 삶는다.

3 달군 팬에 오일을 두르고 슬라이스한 마늘과 송송 썬 대파를 볶아 향을 낸다.

4 마늘과 파의 향이 올라오면 고등어를 팬에 추가하고 고르게 익힌다. 고등어가 익을수록 먹기 좋게 부서지므로 억지로 자르지 않는다.

5 삶은 면과 면수, 채 썬 깻잎을 추가하고 2분 정도 볶은 뒤 고춧가루를 살짝 뿌린다.

6 올리브유를 살짝 둘러 고르게 섞은 뒤 그릇에 담는다.

깻잎페스토 새우 파스타

1인분

- ·스파게티 70~80g
- ·칵테일새우 6~7개
- ·올리브유
- ·소금, 후추

깻잎페스토

- ·깻잎 10~15장
- ·마늘 2톨
- ·견과류 3큰술
- ·올리브유 5큰술
- ·그라나파다노치즈 또는 파마산치즈 3큰술
- ·소금, 후추 약간

1 견과류는 팬에 살짝 볶고 파스타 면(스파게티)을 삶는다.

2 깻잎페스토 만들기: 깻잎페스토 재료를 믹서에 모두 넣고 간 뒤 마지막에 올리브유 1큰술을 추가한다.

3 달군 팬에 오일을 두르고 새우를 볶는다.

4 깻잎 페스토 2~3큰술과 삶은 면을 팬에 추가해서 볶다가 기호에 맞게 소금, 후추로 간한다.

대파소스 참치 파스타

1인분

- ·스파게티 70~80g
- ·마늘 1톨
- ·양파 1/4개
- ·대파 10cm
- ·통조림 참치 80g
- ·방울토마토 3~4개
- ·청양고추 1개
- ·면수 1/2컵
- ·올리브유
- ·소금, 후추

1 파스타 면(스파게티)을 삶는다.

2 달군 팬에 오일을 두르고 다진 마늘과 송송 썬 대파를 볶아 향을 낸다.

3 채 썬 양파를 팬에 추가하고 볶다가 반으로 자른 방울토마토, 참치, 송송 썬 청양고추, 면수를 넣고 약불에서 3분간 뭉근히 끓인다.

4 삶은 면을 추가해서 1~2분간 볶다가 기호에 맞게 소금, 후추로 간한다.

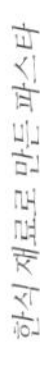

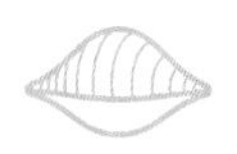

브로콜리 참치 파스타

1인분

- 콘길리에 70~80g
- 마늘 1톨
- 브로콜리 3~4송이
- 통조림 참치 50g
- 방울토마토 5개
- 면수 1/2컵
- 올리브유
- 소금 1작은술
- 후추

1 브로콜리는 소금물에 데치고 파스타 면(콘길리에)을 삶는다.

2 데친 브로콜리를 잘게 다져서 소금 1작은술과 올리브유 2큰술로 밑간한다.

3 참치는 기름을 빼고 후춧가루로 밑간한다.

4 달군 팬에 오일을 두르고 다진 마늘을 볶아 향을 낸다.

5 반으로 자른 방울토마토를 팬에 추가하고 즙이 나오도록 포크로 토마토를 누르며 볶다가 삶은 면과 면수를 넣고 2분 정도 볶는다.

6 그릇에 파스타를 담고 브로콜리와 참치를 올린다.

미나리 통오징어 파스타

1인분

- 먹물 스파게티 70~80g
- 마늘 2톨
- 오징어 1마리
- 미나리 한 줌
- 버터 1조각
- 면수 1/2컵
- 올리브유
- 소금, 후추, 설탕

1 오징어는 깨끗이 씻어서 다리는 잘라내고 몸통과 머리만 남긴다.

2 파스타 면(먹물 스파게티)을 삶는다.

3 오징어에 칼집을 내고 소금을 살짝 뿌린다.

4 달군 팬에 오일을 두르고 다진 마늘을 볶아 향을 낸 뒤 오징어를 굽는다.

5 오징어의 색이 붉게 변하면 버터를 넣고, 녹은 버터를 숟가락으로 오징어에 끼얹으며 속까지 익힌 뒤 설탕을 살짝 뿌려서 접시에 담아 놓는다.

6 오징어를 익혔던 팬에 삶은 면과 면수, 2~3cm 길이로 자른 미나리를 넣고 2분 정도 볶다가 기호에 맞게 소금, 후추로 간한다.

7 그릇에 파스타를 담고 통오징어를 올린다.

미나리 새우비스크 파스타

1인분

- 스파게티 70~80g
- 마늘 1톨
- 양파 1/2개
- 대파 10cm
- 미나리 2줄기
- 방울토마토 5개
- 새우(중하) 5~6마리
- 생크림 1컵
- 물 1컵
- 우유 1/3컵
- 버터 1조각
- 올리브유
- 소금, 후추

Tip

우유와 생크림을 더해
비스크를 수프처럼
빵에 곁들여 먹어도 좋다.

1 새우는 깨끗이 씻어서 껍질째 준비하고 파스타 면(스파게티)을 삶는다.

2 통새우에 오일을 넉넉히 바르고 180도 오븐(프라이팬도 가능)에서 10분 정도 익힌다.

3 달군 팬에 오일을 두르고 적당히 자른 양파와 대파, 미나리, 통마늘, 방울토마토, 버터를 넣고 야채의 숨이 살짝 죽을 때까지 5~10분 정도 볶는다.

4 새우비스크소스 만들기: 구운 새우와 3의 볶은 채소, 물을 믹서에 넣고 갈아서 체에 밭쳐 소스만 걸러낸다. (구운 새우 1마리는 장식용으로 남겨 둔다)

5 팬에 새우비스크소스와 생크림, 우유를 넣고 끓이다가 삶은 면을 넣는다.

6 면이 먹기 좋게 익으면 기호에 맞게 소금과 후추로 간하고 그릇에 담는다.

달래 모시조개 파스타

1인분

- 스파게티 70~80g
- 마늘 2톨
- 달래 한 줌
- 해감한 모시조개 10개
- 청양고추 1개
- 된장 1작은술
- 면수 1/2컵
- 올리브유
- 소금, 후추

1 파스타 면(스파게티)을 삶는다.

2 달군 팬에 오일을 넉넉히 두르고 슬라이스한 마늘을 볶는다.

3 마늘 향이 우러나오면 모시조개와 면수를 추가하고 한소끔 끓인다.

4 모시조개가 입을 벌리면 된장을 면수에 개어 추가하고 달래와 청양고추를 넣는다.

5 삶은 면을 팬에 추가하고 볶다가 기호에 맞게 소금, 후추로 간한다.
(모시조개에 짠맛이 있으므로 소금은 맛을 보면서 조절한다)

비름나물 소고기 파스타

1인분

·페투치네 70~80g
·마늘 1톨
·소고기 100g
·비름나물 한 줌
·청양고추 1개
·면수 1/2컵
·들깻가루 1작은술
·올리브유
·소금, 후추

비름나물 양념

·소금 한꼬집
·다진 마늘 약간
·들기름 1작은술
·들깻가루 약간
·간장 1작은술

Tip
고구마순무침이나 취나물무침, 방풍나물무침 등 집에 있는 나물 반찬을 활용해도 좋다.

1 소고기는 소금, 후추로 밑간하고 파스타 면(페투치네)을 삶는다.
2 비름나물은 씻어서 끓는 물에 20~30초 정도 데친 후 찬물에 헹궈 물기를 빼고 비름나물 양념으로 무친다.
3 달군 팬에 오일을 두르고 다진 마늘을 볶아 향을 낸 뒤 소고기와 청양고추를 볶는다.
4 소고기가 적당히 익으면 비름나물과 삶은 면, 면수를 추가해서 2분 정도 볶는다.
5 기호에 맞게 소금, 후추로 간한 뒤 들깻가루를 추가해서 볶다가 적당한 농도가 되면 그릇에 담는다.

취나물 소고기 파스타

1인분

· 스파게티 70~80g
· 마늘 2톨
· 취나물 한 줌
· 소고기 100g
· 면수 ½컵
· 올리브유
· 소금, 후추

취나물 양념

· 간장 1작은술
· 다진 마늘 ½작은술
· 대파 3cm
· 참기름 1큰술

1 소고기를 소금과 후추로 밑간한다.
2 손질한 취나물은 끓는 물에 소금을 넣고 가볍게 데친 뒤 찬물에 10분 정도 담가 떫은맛을 없앤다.
3 파스타 면(스파게티)을 삶는다.
4 취나물은 물기를 꼭 짠 뒤 취나물 양념으로 무친다.
5 달군 팬에 오일을 두르고 다진 마늘을 볶아 향을 낸 뒤 소고기를 굽는다.
6 삶은 면과 취나물, 면수를 팬에 추가해서 2분 정도 볶다가 기호에 맞게 소금, 후추로 간한다.

시래기 베이컨 파스타

1인분

- 펜네 70~80g
- 마늘 1톨
- 시래기 100g
- 물에 불린 시래기 또는 시래기나물 반찬
- 통 베이컨 1줄
- 고춧가루 약간
- 면수 ½컵
- 올리브유
- 소금, 후추

1 베이컨은 먹기 좋은 크기로 자르고 파스타 면(펜네)을 삶는다.

2 달군 팬에 오일을 두르고 베이컨을 노릇하게 굽는다.

3 슬라이스한 마늘과 시래기를 팬에 추가하고 가볍게 볶는다.

4 면수와 삶은 면을 추가하고 기호에 맞게 소금, 후추로 간한 뒤 2분 정도 볶는다.

5 먹기 직전 고춧가루를 살짝 뿌린다.

애호박 건새우 파스타

1인분

- 펜네 50g
- 애호박 1/3개
- 건새우 30g
- 생크림 1/2컵
- 면수 1/2컵
- 올리브유
- 소금, 후추

1 파스타 면(펜네)을 삶는다.

2 달군 팬에 오일을 두르고 채 썬 애호박을 볶다가 건새우를 넣고 볶는다.

3 애호박이 반투명해지면 면수를 추가하고 2분 정도 볶는다.

4 생크림과 삶은 면을 팬에 추가하고 볶다가 기호에 맞게 소금, 후추로 간한다.

애호박 닭가슴살 가든 파스타

1인분

- 스파게티 70~80g
- 마늘 2톨
- 양파 1/4개
- 닭가슴살 1개
- 완숙 토마토 1/2개
- 애호박 1/4개
- 케첩 1큰술
- 면수 1/2컵
- 올리브유
- 소금, 후추

1 토마토는 속 씨를 뺀 뒤 깍둑썰고 애호박과 닭가슴살은 1cm 두께로 썬다.

2 파스타 면(스파게티)을 삶는다.

3 달군 팬에 오일을 두르고 다진 마늘과 양파를 볶는다.

4 마늘과 양파가 투명해지면서 향이 올라오면 토마토와 면수를 추가하고 한소끔 끓인다.

5 그릴 팬에 오일을 두르고 애호박과 닭가슴살을 노릇하게 굽는다.

6 4번 팬에 케첩을 추가하고 소금과 후추로 간한 뒤 삶은 면을 추가해서 볶는다.

7 그릇에 파스타를 담고 구워 놓은 애호박과 닭가슴살을 올린다.

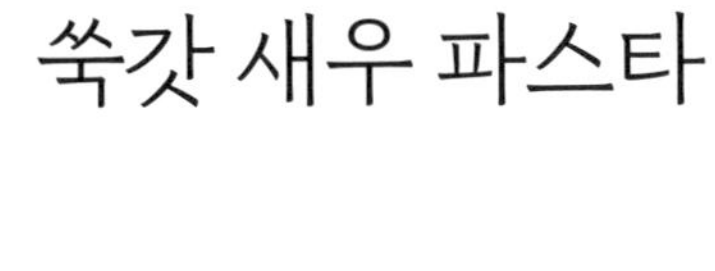

쑥갓 새우 파스타

1인분

- 페투치네 70~80g
- 마늘 1톨
- 양파 1/2개
- 알 새우 15개
- 쑥갓 2줄기
- 버터 1조각
- 생크림 1/2컵
- 면수 1/2컵
- 올리브유
- 소금, 후추

1 쑥갓은 끓는 물에 살짝 데치고 파스타 면(페투치네)을 삶는다.

2 따뜻한 면수와 데친 쑥갓을 믹서에 넣고 간다.

3 달군 팬에 오일을 두르고 다진 마늘을 볶아 향을 낸 뒤 새우와 다진 양파를 넣고 볶는다.

4 새우가 선홍빛으로 변하면 삶은 면과 2의 쑥갓 면수를 추가하고 소금, 후추로 간한다.

5 생크림을 팬에 추가하고 2분 정도 볶은 뒤 버터를 넣고 살짝 볶는다.

시금치 베이컨 파스타

1인분

- 카펠리니 70~80g
- 시금치 한 줌
- 달걀 1개
- 통 베이컨 1줄
- 후추 약간

소스

- 간장 3큰술
- 다진 마늘 1/2작은술
- 레몬즙 1큰술
- 올리고당 1작은술
- 올리브유 약간
- 소금, 후추

1 카펠리니는 포장지에 표기된 시간대로 삶아서 찬물에 헹구고 물기를 뺀다.

2 소스 재료를 모두 섞어 놓는다.

3 달군 팬에 먹기 좋게 썬 베이컨을 노릇하게 구운 뒤 키친타월에 올려 기름을 뺀다.

4 수란 만들기: 끓는 물에 소금과 식초를 약간 넣고 젓가락으로 휘저어 회오리를 만든 뒤, 달걀을 조심스럽게 넣고 2분 정도 취향에 맞게 익힌다.

5 시금치의 연한 잎사귀 부분만 접시에 펴 담고, 삶은 면과 베이컨, 수란을 올린 뒤 후추를 뿌린다.

6 2의 소스를 붓는다.

꽈리고추 파스타

1인분

- 스파게티 70~80g
- 마늘 2톨
- 꽈리고추 5개
- 잡채용 돼지고기 100g
- 간장 1큰술
- 참기름
- 면수 1/2컵
- 올리브유
- 소금, 후추

1 돼지고기는 소금과 후추로 밑간하고 꽈리고추는 먹기 좋은 크기로 자른다.

2 파스타 면(스파게티)을 삶는다.

3 달군 팬에 오일을 두르고 다진 마늘과 돼지고기를 볶는다.

4 돼지고기가 익으면 꽈리고추를 추가하고 간장과 후추로 간한다.

5 삶은 면과 면수를 팬에 추가해서 볶다가 기호에 맞게 소금으로 간한 뒤 참기름을 두르고 살짝 볶는다.

마늘크림 전복 파스타

1인분

- ·스파게티 70~80g
- ·마늘 5톨
- ·양파 1/4개
- ·전복 1마리
- ·쪽파 2개(흰 대)
- ·생크림 1/2컵
- ·올리브유
- ·소금, 후추

1. 전복은 손질해서 내장을 따로 덜어둔다.
2. 파스타 면(스파게티)을 삶는다.
3. 달구지 않은 팬에 오일을 넉넉히 두르고 통마늘을 넣고 튀기듯 노릇하게 익힌 뒤 포크로 으깬다. (팬을 달군 후 오일과 마늘을 넣으면 마늘의 겉이 타면서 익게 되므로 처음부터 팬을 달구지 않도록 주의한다)
4. 달군 팬에 오일을 두르고 채 썬 양파를 볶다가 잘게 썬 파와 손질한 전복을 넣고 볶는다.
5. 양파가 반투명해지면 3의 으깬 마늘, 생크림, 전복 내장 1큰술을 팬에 추가해서 볶다가 기호에 맞게 소금, 후추로 간한다.
6. 삶은 면을 넣고 2분 정도 볶는다.

전복 손질하기

매생이 굴 파스타

1인분

- ·스파게티 70~80g
- ·마늘 2톨
- ·매생이 60g
- ·굴 7개
- ·달걀노른자 1개
- ·면수 1/2컵
- ·올리브유
- ·후추

1 파스타 면(스파게티)을 삶는다.

2 달군 팬에 오일을 두르고 다진 마늘을 볶아 향을 낸 뒤 굴을 넣고 가볍게 볶는다.

3 삶은 면과 면수를 팬에 추가하고 1분 정도 살살 볶다가 후추와 매생이를 넣고 면을 잘 풀어준다.

4 면이 적당히 익으면 그릇에 담고 달걀노른자를 올린다.

미더덕 토마토 파스타

1인분

- 스파게티 70~80g
- 마늘 2톨
- 양파 1/2개
- 미더덕 10개
- 애호박 1/4개
- 간장 2큰술
- 방울토마토 3개
- 면수 1/2컵
- 올리브유
- 후추, 설탕

1 손질한 미더덕은 끓는 물에 삶고 애호박은 반달썰기, 방울토마토는 이등분한다.

2 파스타 면(스파게티)을 삶는다.

3 달군 팬에 오일을 두르고 다진 마늘을 볶아 향을 낸 뒤 채 썬 양파를 볶는다.

4 양파가 반투명해지면 애호박, 방울토마토, 면수를 추가하고 중약불로 4~5분간 뭉근히 끓인다.

5 토마토 즙이 우러나올 즈음 약간의 설탕과 삶은 미더덕, 삶은 면, 면수를 추가하고 볶는다.

6 면이 알맞게 익으면 간장과 후추로 간한다.

두부 소보로 파스타

1인분

· 스파게티 70~80g
· 마늘 1톨
· 양파 1/4개
· 대파 10cm(흰 대)
· 두부 1/2모
· 표고버섯 1개
· 간장 2큰술
· 생크림 1/2컵
· 올리브유
· 소금, 후추

1 파스타 면(스파게티)을 삶는다.

2 두부는 물기를 꼭 짜두고, 버섯은 먹게 좋게 자른다.

3 두부는 마른 팬에 중약불로 5~10분간 볶아 수분을 완전히 뺀다.

4 달군 팬에 오일을 두르고 다진 마늘로 향을 낸 뒤 다진 양파와 송송 썬 대파를 볶는다.

5 양파가 투명해지면 버섯을 추가해서 가볍게 볶은 뒤 생크림을 넣는다.

6 삶은 면과 간장을 팬에 추가하고 잘 섞으며 볶는다.
(소스가 부족하면 생크림을 더 넣는다)

7 면이 적당히 익으면 볶아 둔 두부와 함께 그릇에 담는다.

표고버섯 달걀 파스타

1인분

- 스파게티 70~80g
- 마늘 1톨
- 양파 1/4개
- 표고버섯 1개
- 토마토소스 1/2컵
- 달걀 2개
- 면수 1/2컵
- 올리브유

1 표고버섯은 먹기 좋게 자르고 파스타 면(스파게티)을 삶는다.

2 달군 팬에 오일을 두르고 다진 마늘을 볶아 향을 낸 뒤 채 썬 양파를 볶는다.

3 표고버섯을 팬에 추가해서 볶다가 삶은 면과 면수, 토마토소스를 넣고 면이 먹기 좋게 익을 때까지 볶는다.

4 다른 팬에서 달걀을 약한 불로 젓가락으로 살살 저어가며 익히다가 윗면이 덜 익은 상태에서 불을 끈다.

5 그릇에 달걀을 펼쳐 담고 3의 파스타를 올린다.

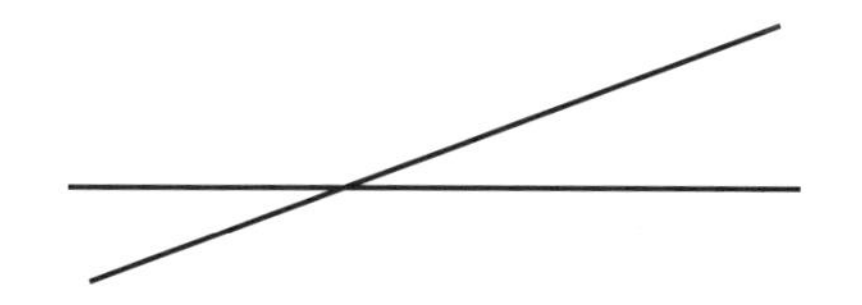

장맛을 살린 파스타

정통 파스타 소스에 한식 양념을 가미한 파스타

수란 버터 통들깨 파스타

1인분

- 스파게티 70~80g
- 달걀 1개
- 가염버터 20g~
- 통들깨
- 들기름 2큰술
- 말돈소금 약간

1 파스타 면(스파게티)을 삶는다.

2 수란 만들기: 끓는 물에 소금과 식초를 약간 넣고 젓가락으로 휘저어 회오리를 만든 뒤, 달걀을 조심스럽게 넣고 2분 정도 취향에 맞게 익힌다.

3 찬물에 수란을 넣고 더 이상 익지 않도록 식힌다.

4 달군 팬에 들기름과 버터 10g, 삶은 면을 넣고 버터가 녹을 정도로만 볶는다.

5 원하는 농도에 맞춰 면수를 추가한다.

6 그릇에 파스타를 담고 수란을 면 위에 올린 뒤 들깨와 버터 10g을 올린다.

7 말돈소금을 살짝 올린다.

버섯 들깨 파스타

1인분

- 스파게티 70~80g
- 마늘 1톨
- 양송이버섯 3개
- 느타리버섯 한 줌
- 생크림 ½컵
- 들깻가루 1큰술
- 달걀노른자 1개
- 면수 ½컵
- 올리브유
- 소금, 후추

1 양송이버섯은 적당한 크기로 썰고 파스타 면(스파게티)을 삶는다.

2 달군 팬에 오일을 두르고 다진 마늘을 볶아 향을 낸다.

3 버섯류를 팬에 추가해서 볶다가 소금, 후추로 간한다.

4 생크림과 면수로 소스의 농도를 조절한 뒤 들깻가루를 넣는다.

5 삶은 면을 추가하고 1~2분 정도 볶은 뒤 기호에 맞게 소금으로 간한다.

6 그릇에 담고 달걀노른자를 올린다.

들기름 김치 파스타

1인분

- 스파게티 70~80g
- 마늘 2톨
- 양파 1/4개
- 잘 익은 배추김치 100g
- 들깻가루 1큰술
- 들기름 2큰술
- 달걀노른자 1개
- 면수 1/2컵
- 올리브유
- 소금, 후추, 설탕

1 김치는 양념을 털어낸 뒤 살짝 물에 씻고 파스타 면(스파게티)을 삶는다.

2 달군 팬에 오일을 두르고 슬라이스한 마늘을 볶아 향을 낸 뒤 채 썬 양파를 볶는다.

3 양파가 살짝 익으면 김치와 약간의 설탕, 들기름을 팬에 추가하고 볶는다.

4 삶은 면과 면수를 추가해서 2분 정도 볶다가 소금, 후추로 간한다.

5 그릇에 담은 뒤 달걀노른자와 들깻가루를 올린다.

들기름 명란 파스타

1인분

- ·스파게티 70~80g
- ·마늘 2톨
- ·대파 흰 대 5cm
- ·명란젓 1개
- ·청양고추 1개
- ·들기름 2큰술
- ·면수 1/2컵
- ·올리브유

1 명란젓은 흐르는 물에 헹군 뒤 막을 벗겨 속만 살살 긁어낸다.

2 파스타 면(스파게티)을 삶는다.

3 달군 팬에 오일을 두르고 슬라이스한 마늘을 볶는다.

4 마늘 향이 나면 송송 썬 대파와 명란, 들기름을 넣고 살살 볶는다.

5 삶은 면과 면수를 팬에 추가해서 볶다가 송송 썬 청양고추를 넣는다.

6 면이 적당히 익으면 그릇에 담고 먹기 직전에 들기름을 살짝 뿌린다.

닭가슴살 애호박 된장크림 파스타

1인분

- ·스파게티 70~80g
- ·마늘 1톨
- ·양파 1/2개
- ·닭가슴살 85g
- ·청양고추 1개
- ·애호박 1/3개
- ·된장 1/2큰술
- ·땅콩잼 1작은술
- ·생크림 2/3컵
- ·올리브유

1 애호박은 속 씨 부분을 긁어내고 깍둑썬 다음 팬에 살짝 볶는다.

2 닭가슴살은 삶아서 먹기 좋게 찢는다.

3 파스타 면(스파게티)을 삶는다.

4 달군 팬에 오일을 두르고 다진 마늘로 향을 낸 뒤 다진 양파를 볶는다.

5 닭가슴살과 청양고추, 된장, 땅콩잼을 팬에 추가하고 잘 섞은 뒤 생크림을 넣고 볶는다.

6 삶은 면을 추가하고 농도를 맞춰가며 약불로 졸인다.

7 면이 적당히 익으면 그릇에 담고 볶아 놓은 애호박을 올린다.

돼지고기 쌈장 파스타

1인분

- ·스파게티 70~80g
- ·마늘 1톨
- ·양파 1/4개
- ·대파 5cm
- ·돼지고기 간 것 100g
- ·견과류 20g
- ·면수 1/2컵
- ·올리브유
- ·소금, 후추

쌈장

- ·된장 2작은술
- ·고추장 1작은술
- ·설탕 약간
- ·다진 마늘 1/2작은술
- ·참기름 약간

1 견과류를 마른 팬에 살짝 볶아서 먹기 좋게 다진다.

2 쌈장 재료를 섞어 둔다.

3 파스타 면(스파게티)을 삶는다.

4 달군 팬에 오일을 두르고 다진 마늘, 송송 썬 대파, 채 썬 양파를 볶는다.

5 양파가 반투명해지면 돼지고기와 소금, 후추를 넣고 볶는다.

6 2번의 쌈장 소스와 삶은 면을 팬에 추가해서 볶다가 면수로 농도를 조절한다.

7 면이 적당히 익으면 그릇에 담고 다진 견과류를 뿌린다.

청경채 새우 간장 파스타

1인분

- 스파게티 70~80g
- 마늘 1톨
- 중하 or 대하 4~5마리
- 청경채 4개
- 청양고추 1개
- 간장 1큰술
- 면수 1/2컵
- 올리브유
- 소금, 후추

1 새우는 껍질을 벗긴 뒤 몸통만 떼어내고 머리와 꼬리는 육수용으로 남겨 둔다.

2 청경채는 세로로 이등분하고 파스타 면(스파게티)을 삶는다.

3 달군 팬에 오일을 두르고 다진 마늘을 볶아 향을 낸 뒤 새우 머리와 꼬리를 볶는다.

4 육수 만들기: 면수를 팬에 추가해서 끓이다가 간장과 청양고추를 넣고 5분 정도 더 끓인다. 새우 머리와 꼬리의 감칠맛이 올라오면 체에 밭쳐 육수만 걸러낸다.

5 달군 팬에 오일을 두르고 새우 몸통을 볶다가 청경채와 4의 육수, 삶은 면을 넣고 볶는다.

6 면이 먹기 좋게 익으면 소금과 후추로 간한다.

스팸 감자 간장 파스타

1인분

- 스파게티 70~80g
- 마늘 2톨
- 감자 1/3개
- 스팸 80g
- 간장 약간
- 면수 1/2컵
- 올리브유
- 후추 약간

감자조림 양념

- 참기름
- 물 1/2컵
- 간장 3큰술
- 설탕 1큰술

1 감자는 얇게 슬라이스하고 스팸은 먹기 좋은 크기로 채 썬다.

2 파스타 면(스파게티)을 삶는다.

3 팬에 슬라이스한 감자와 감자조림 양념을 넣고 약불로 졸인다.

4 다른 팬에 오일을 두르고 다진 마늘과 스팸, 후추를 넣고 볶는다.

5 4번 팬에 삶은 면과 면수를 추가해서 볶는다. 기호에 따라 간장을 추가한다.

6 면이 적당히 익으면 파스타를 그릇에 담고 감자와 스팸을 올린다.

고추기름 새우 파스타

1인분

- 스파게티 70~80g
- 마늘 2톨
- 알 새우 70g
- 표고버섯 1개
- 청양고추 1개
- 고추기름 3큰술
- 면수 1/2컵
- 올리브유
- 소금, 후추

1 새우는 큼직하게 자르고 파스타 면(스파게티)을 삶는다.

2 달군 팬에 오일을 두르고 슬라이스한 마늘을 볶아 향을 낸다.

3 청양고추와 표고버섯, 새우, 고추기름 3큰술을 팬에 추가해서 볶는다.

4 면수를 추가해서 볶다가 삶은 면을 넣고 볶는다.

5 면이 적당히 익으면 기호에 맞게 소금, 후추로 간한다.

차돌박이 고추장 파스타

1인분

- 스파게티 70~80g
- 마늘 1톨
- 양파 1/4개
- 쪽파 약간
- 차돌박이 5~6장
- 면수 1/2컵
- 올리브유
- 소금, 후추

소스

- 다진 마늘 1작은술
- 토마토소스 2큰술
- 고추장 1큰술
- 케첩 1큰술
- 간장 1큰술
- 고춧가루, 참기름, 설탕 약간씩

Tip

양파채 : 양파는 동그란 모양으로 가늘게 썰어서 미리 찬물에 담가 매운맛을 뺀다.

1. 차돌박이는 팬에 구워서 키친타월에 올려 기름을 뺀다.
2. 파스타 면(스파게티)을 삶는다.
3. 소스 재료를 모두 섞어 둔다.
4. 달군 팬에 오일을 두르고 다진 마늘로 향을 낸 뒤 약간의 소금과 후추, 3의 소스를 넣고 볶는다.
5. 삶은 면을 팬에 추가하고 면수로 원하는 농도를 맞춘 뒤 차돌박이를 넣고 볶는다.
6. 그릇에 파스타를 담은 뒤 양파채와 차돌박이를 올리고 잘게 썬 쪽파를 올린다.

고춧가루 닭가슴살 파스타

1인분

- 스파게티 70~80g
- 마늘 2톨
- 양파 1/4개
- 닭가슴살 1쪽
- 완숙 토마토 1개
- 간장 1큰술
- 고춧가루 1큰술
- 청양고추
- 면수1/2컵
- 올리브유
- 소금, 후추

1 닭가슴살은 소금과 후추로 밑간하고 토마토는 속 씨를 뺀 뒤 깍둑썬다.

2 파스타 면(스파게티)을 삶는다.

3 밑간한 닭가슴살을 먹기 좋게 자른 뒤 달군 팬에 오일을 두르고 굽는다.

4 다른 팬에 오일을 두르고 다진 마늘로 향을 낸 뒤 약불로 줄여서 고춧가루와 채 썬 양파를 넣고 볶는다.

5 양파의 숨이 죽으면 깍둑썬 토마토를 팬에 추가해서 볶다가 송송 썬 청양고추, 삶은 면과 면수를 넣고 볶는다.

6 구워 놓은 닭가슴살을 5번 팬에 넣고 볶다가 소금, 후추로 간한다.

7 면이 적당히 익으면 그릇에 담는다.

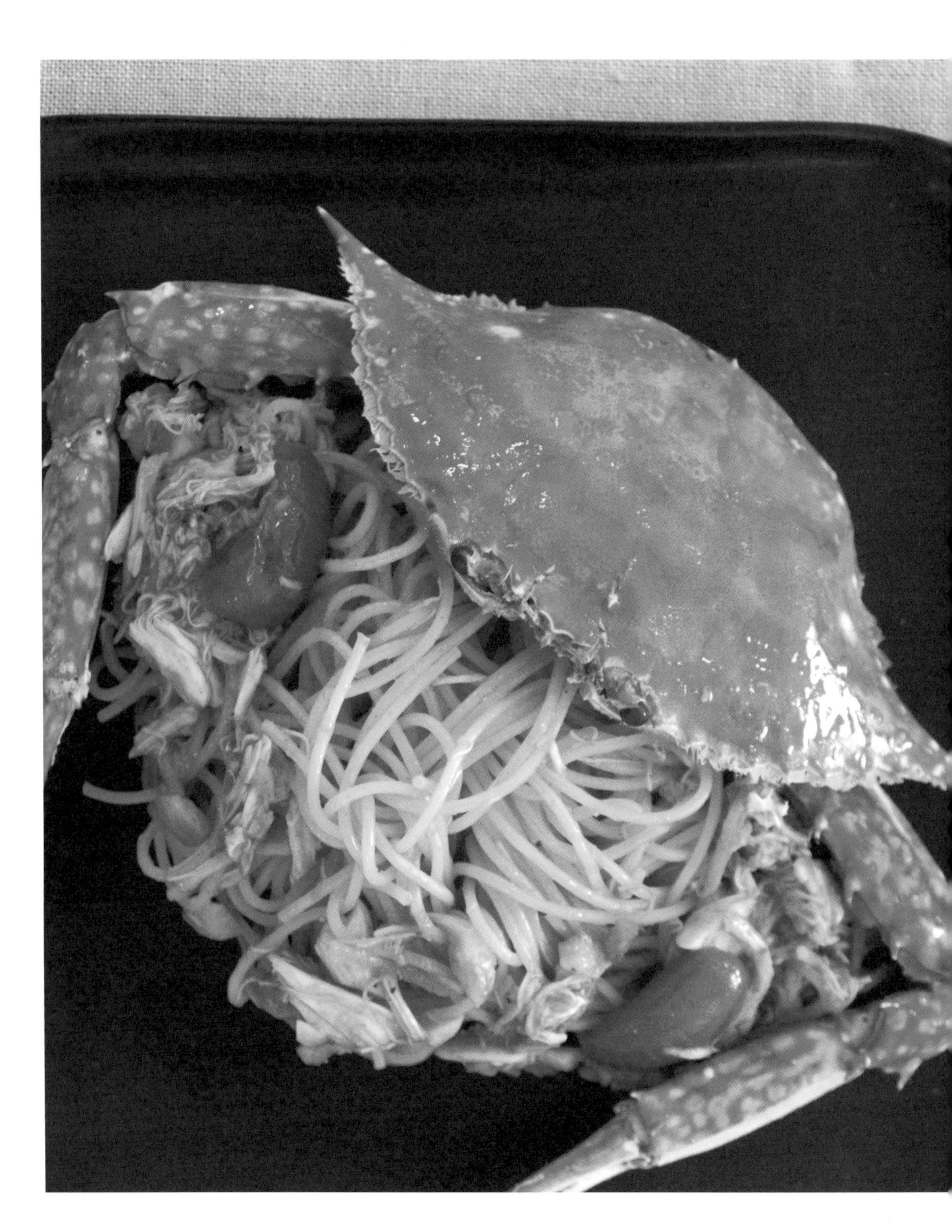

고추장 꽃게 파스타

1인분

- 스파게티 70~80g
- 마늘 2톨
- 양파 1/4개
- 꽃게 1마리
- 꽃게 삶은 물 1/2컵
- 방울토마토 3개
- 고추장 1큰술
- 올리브유
- 소금, 후추, 설탕

1 꽃게는 삶아서 살과 내장을 덜어 놓고 삶은 물은 버리지 않는다.

2 파스타 면(스파게티)을 삶는다.

3 달군 팬에 오일을 두르고 다진 마늘을 볶아 향을 낸 뒤 반으로 자른 방울토마토를 볶는다.

4 방울토마토 껍질이 물러지면서 즙이 나오면 꽃게 삶은 물을 붓는다.

5 고추장과 다진 양파를 팬에 추가해서 약불로 뭉근하게 끓인다.

6 덜어놓은 게살과 내장을 추가하고 고르게 섞은 뒤 삶은 면과 설탕 한꼬집을 넣고 볶는다.

7 면이 적당히 익으면 기호에 맞게 소금, 후추로 간한다.

고추기름 해산물 파스타

1인분

- 스파게티 70~80g
- 마늘 2톨
- 양파 1/4개
- 대파 10cm
- 해산물 한 줌(오징어, 새우, 관자, 전복 등)
- 고춧가루 약간
- 고추기름 1큰술
- 면수 1/2컵
- 올리브유
- 소금, 후추

1 파스타 면(스파게티)을 삶는다.

2 달군 팬에 오일을 두르고 다진 마늘을 볶아 향을 낸 뒤 채 썬 양파와 대파를 볶는다.

3 고추기름을 팬에 추가해서 살짝 볶은 뒤 해산물과 고춧가루를 넣고 볶는다.

4 면수와 삶은 면을 추가하고 볶다가 기호에 맞게 소금, 후추로 간한다.

Voll-Damm
DOBLE
MALTA

돼지고기 고추장크림 파스타

1인분

- ·페투치네 70~80g
- ·마늘 1톨
- ·양파 1/4개
- ·대파 10cm
- ·돼지고기 간 것 100g
- ·고추장 1큰술
- ·생크림 1/2컵
- ·애호박 1/4개
- ·올리브유
- ·설탕, 소금, 후추

1 채 썬 양파와 슬라이스한 애호박을 팬에 구워서 따로 덜어 둔다.

2 파스타 면(페투치네)을 삶는다.

3 달군 팬에 오일을 두르고 다진 마늘과 송송 썬 대파, 돼지고기를 볶는다.

4 고추장을 팬에 추가해서 약불로 볶다가 생크림을 넣고 설탕, 소금, 후추로 간한다.

5 삶은 면을 추가하고 가볍게 볶는다.

6 면이 적당히 익으면 그릇에 담고 구운 양파와 애호박을 곁들인다.

멸치액젓 알리오올리오파스타

1인분

- 스파게티 70~80g
- 마늘 5톨
- 양파 1/4개
- 잔멸치 1/2컵
- 청양고추 1개
- 멸치액젓 1큰술
- 면수 1/2컵
- 올리브유
- 참기름 약간
- 소금, 후추

1 파스타 면(스파게티)을 삶는다.

2 달군 팬에 오일을 두르고 굵게 슬라이스한 마늘을 볶아 향을 낸 뒤 채 썬 양파를 볶는다.

3 잔멸치와 채 썬 청양고추를 팬에 추가해서 볶는다.

4 삶은 면을 추가하고 볶다가 멸치 액젓과 면수로 간을 맞춘다.
기호에 따라 추가 간은 소금과 후추로 한다.

5 참기름을 두르고 살짝 볶은 뒤 그릇에 담는다.

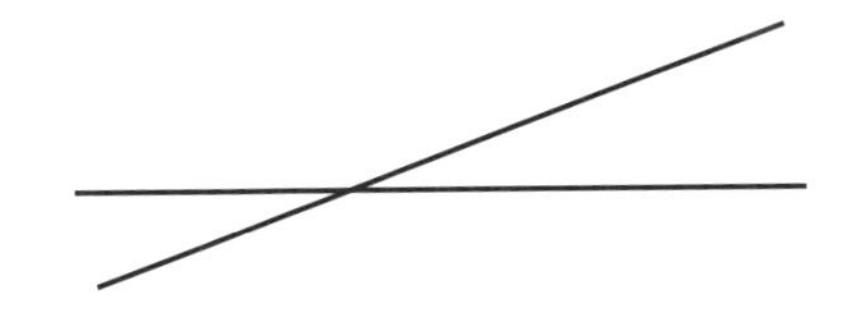

한식 해산물 냉 파스타

신선한 해산물에 한식 소스의 차가운 면을 곁들여

가볍게 즐기는 파스타

생연어 토마토 냉 파스타

1인분

- ·카펠리니 70~80g
- ·횟감 연어
- ·토마토 1개
- ·마늘 1개
- ·루콜라 약간
- ·화이트발사믹 2큰술
- ·올리브오일
- ·와사비 약간
- ·소금, 후추

1 토마토는 열십자로 가볍게 칼집을 낸 뒤 끓는 물에 데쳐서 껍질을 벗기고 토핑용 토마토 한 조각을 따로 빼 둔다.

2 올리브오일 2큰술, 토마토, 마늘, 화이트발사믹, 와사비 한꼬집을 핸드믹서에 넣고 간다.

3 연어에 소금을 뿌려서 10분 이상 밑간한 뒤 올라온 수분을 키친타월로 닦아낸다.

4 연어를 3번 소스로 버무려 둔다.

5 파스타 면(카펠리니)을 포장지에 표기된 시간에 맞춰 충분히 삶아서 찬물에 헹구고 물기를 뺀다.

6 삶은 면을 2번 소스로 버무린 뒤 기호에 따라 소금 간을 추가한다.

7 그릇에 파스타를 담은 뒤 4의 연어와 루콜라, 토마토를 올리고 올리브오일을 살짝 두른다.

돌나물 관자 냉 파스타

1인분

- ·콘길리에 70~80g
- ·가리비 관자 1~2개
- ·애호박 약간
- ·참외 약간
- ·돌나물 약간

소스

- ·땅콩잼 1큰술
- ·스리라차소스 2큰술
- ·레몬즙 1큰술
- ·화이트발사믹 2큰술
- ·포도씨오일 2큰술
- ·소금, 후추

1 파스타 면(콘길리에)은 포장지에 표기된 시간대로 충분히 삶아서 찬물에 헹구고 물기를 뺀다.

2 분량의 소스 재료를 모두 섞어 둔다.

3 달군 팬에 오일을 두르고 가리비 관자를 가볍게 구운 뒤 키친타월로 기름을 제거하고 먹기 좋게 자른다.

4 애호박과 참외를 과일스쿱으로 도려낸 뒤 애호박만 소금물에 데친다.

5 파스타를 2번 소스에 버무려서 돌나물, 가리비 관자, 애호박, 참외와 함께 그릇에 담는다.

매실장아찌 문어 냉 파스타

1인분

- ·카펠리니 70~80g
- ·자숙문어 약간
- ·토마토 1/2개
- ·매실고추장장아찌 다짐 2큰술
- ·흑임자 가루 약간
- ·깻잎 채 약간
- ·들기름 2큰술
- ·양조간장 1큰술
- ·레몬즙 1큰술

1 토마토는 열십자로 가볍게 칼집을 낸 뒤 끓는 물에 데쳐서 껍질을 벗긴다. (기호에 따라 속 씨를 제거한다)

2 데친 토마토를 작게 깍둑썰기한 뒤 매실고추장장아찌 다짐, 들기름, 레몬즙과 섞는다.

3 파스타 면(카펠리니)을 포장지에 표기된 시간대로 충분히 삶아서 찬물에 헹구고 물기를 뺀다.

4 삶은 면에 양조간장, 들기름 1큰술, 흑임자 가루, 깻잎채를 넣고 살살 버무린다.

5 그릇에 파스타를 담고, 2번의 고명과 슬라이스한 자숙문어, 깻잎 채를 곁들인다.

해산물모듬 냉 파스타

1인분

- 카펠리니 70~80g
- 해산물(오징어, 새우, 전복 약간씩)
- 양파 1/6개
- 영양 부추 약간
- 파프리카 약간

소스

- 간장 2큰술
- 겨자 1작은술 (취향에 맞게)
- 설탕 약간, 식초 2큰술
- 다진 마늘 약간
- 다진 양파 1/2작은술
- 올리브유 1작은술
- 깨 약간

1 파스타 면(카펠리니)을 포장지에 표기된 시간에 맞춰 충분히 삶아서 찬물에 헹구고 물기를 뺀다.

2 소스 재료를 모두 섞어 둔다.

3 오징어, 전복, 새우는 살짝 데친 뒤 찬물에 헹군다. (전복 손질법 p.83)

4 양파, 파프리카, 부추는 손가락 길이로 썰고, 전복과 오징어는 새끼손가락 길이로 다듬고, 새우는 반으로 가른다.

5 삶은 면에 2의 소스를 넣고 버무린다.

6 그릇에 파스타를 담고 해산물과 채소를 올린다.

DAMM

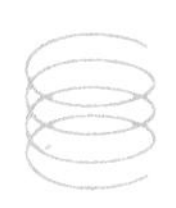

생골뱅이 냉 파스타

1인분

- 카펠리니 70~80g
- 생골뱅이 6~8개
- 어린잎 채소 한 줌
- 소주 1/3컵

소스

- 간장 2큰술
- 식초 1큰술
- 참기름 1큰술
- 와사비 약간
- 레몬즙 1큰술
- 소금, 깨

1 파스타 면(카펠리니)을 포장지에 표기된 시간에 맞춰 충분히 삶아서 찬물에 헹구고 물기를 뺀다.

2 소스 재료를 모두 섞어 둔다.

3 생골뱅이는 깨끗하게 헹궈서 끓는 물에 소주 1/3컵을 넣고 10분 정도 삶는다.

4 삶은 골뱅이를 찬물에 헹구고 포크로 조심히 살을 꺼낸 뒤 레몬즙에 재워둔다.

5 삶은 면에 2의 소스와 골뱅이를 넣고 버무린다.

6 그릇에 어린잎 채소를 넓게 펼쳐 담고 파스타를 올린다.

성게알 냉 파스타

1인분

- ·카펠리니 or 푸실리 70~80g
- ·성게알 1/2판
- ·어린잎 채소 한 줌

소스

- ·간장 2큰술
- ·다진 마늘 1/2작은술
- ·다진 양파 1/4개
- ·레몬즙 1큰술
- ·들기름 1큰술
- ·올리고당 1작은술
- ·깨 약간

1 파스타 면(카펠리니)을 포장지에 표기된 시간에 맞춰 충분히 삶아서 찬물에 헹구고 물기를 뺀다.

2 소스 재료를 모두 섞어서 소스를 만든 뒤 삶은 면을 넣고 버무린다.

3 그릇에 파스타를 담고 어린잎 채소를 올린 뒤, 나이프로 성게알을 살살 덜어 올린다.

참나물 새우 냉 파스타

1인분

- ·카펠리니 70~80g
- ·참나물 한 줌
- ·칵테일새우 5~7개

소스

- ·다진 양파 2큰술
- ·레몬즙 2큰술
- ·간장 2큰술
- ·올리브유 1큰술
- ·땅콩잼 1작은술
- ·다진 마늘 1/2작은술
- ·소금, 후추

1 파스타 면(카펠리니)을 포장지에 표기된 시간에 맞춰 충분히 삶아서 찬물에 헹구고 물기를 뺀다.

2 소스 재료를 모두 섞어 둔다.

3 달군 팬에 오일을 두르고 새우를 볶은 뒤 한 김 식힌다.

4 소금을 넣고 끓인 물에 참나물을 살짝 데친 뒤 찬물에 헹구고 물기를 꼭 짠다.

5 삶은 면과 참나물, 준비된 소스를 한데 넣고 살살 버무린다.

6 그릇에 파스타를 담고 새우를 올린다.

견과류 샐러드 냉 파스타

1인분

·카펠리니 70~80g

·견과류 40g

(아몬드, 캐슈넛, 호두 등)

소스

·마요네즈 2큰술

·양파 1/2개

·식초 2큰술

·설탕 한꼬집

·들깻가루 1/2큰술

·땅콩잼 1큰술

·소금 한꼬집

·참기름 약간

1 파스타 면(카펠리니)을 포장지에 표기된 시간에 맞춰 충분히 삶아서 찬물에 헹구고 물기를 뺀다.

2 견과류는 큼직하게 다져서 마른 팬에 살짝 볶는다.

3 소스 재료를 모두 섞어 둔다.

4 삶은 면에 다진 견과류 1큰술과 소스를 넣고 버무린다.

5 그릇에 파스타를 담은 뒤 남은 견과류와 다진 양파를 살짝 뿌린다.

맛과 멋을 사로잡은 홈파티 요리

청담동 프라이빗 요리 수업

집밥으로 즐기는 미니 코스 요리

제철 재료, 제철 음식으로 차린 사계절 미니 코스 요리
평범한 집밥을 고급 요리로 변신시키는 차별화된 재료
집밥이지만 쉐프의 요리처럼 보이는 고급스러운 플레이팅
제철 요리와의 밸런스를 고려한 계절별 추천 와인

· 목진희 지음 | 값 22,000원

문스타테이블 핑거푸드

맛과 멋을 사로잡은 한입 요리

근사한 홈파티를 계획할 때, 아이를 위한 건강하고
맛있는 간식이 고민될 때, 제대로 된 안주를 곁들여
와인 한 잔이 생각날 때, 피크닉에 들고 갈 도시락을 쌀 때,
케이터링에 관련된 영감이 필요할 때,
핑거 푸드가 필요한 일상의 모든 순간에 꼭 필요한 책.

· 문희정 지음 | 값 18,000원

문스타테이블 홈파티

홈파티 스타일링 북

나누는 행복, 먹는 즐거움, 플레이팅에 대한 자신감을 높여주는
홈파티 스타일링 북. 연말 파티, 생일, 손님 초대 등 특별한 날
활용하기 좋은 요리부터 다양한 플레이팅 팁을 담았다.

· 문희정 지음 | 값 15,000원

팬 하나로 다 되는

프랑스 가정식 오븐 요리

프로방스허브 통닭구이, 뵈프 부르기뇽,
가리비 관자 채소 구이, 크림 홍합찜, 에그인헬(샥슈카),
파스닙 수프 등 프랑스 정통 요리부터 서양의 대중 요리까지
가정식 오븐으로 쉽고 건강하게 즐긴다.

· 몰리 슈스터 지음 | 레베나 주네 사진 | 배혜정 옮김 | 값 27,000원

프랑스 오픈 샌드위치 타르틴

슬라이스한 빵 위에 환상의 조합

타르틴은 슬라이스한 빵 위에 치즈나 고기, 생선, 야채, 과일 등 궁합이 맞는 갖가지 재료를 심플하면서도 풍성하게 올려 먹는 프랑스 오픈 샌드위치다. 빵 위에 무엇을 올리느냐에 따라 맛과 모양에 수많은 변주가 가능해 가벼운 식사부터 애피타이저, 브런치, 와인 안주, 홈파티 요리 등 다양한 형태로 즐길 수 있다.

· 사브리나 포다롤 지음 | 배혜정 옮김 | 값 25,000원

미식가의 프렌치 샐러드

프랑스 정통 샐러드부터
퓨전 샐러드까지

프랑스는 미식의 천국답게 음식의 종류는 물론 이국적이고 특색 있는 식재료가 넘쳐난다. 이러한 프랑스 식문화를 고스란히 반영해 프랑스 정통 샐러드부터 프랑스인이 자주 즐기고, 프랑스에서 쉽게 만날 수 있는 다채로운 퓨전 샐러드를 담았다.

· 수 퀸 지음 | 배혜정 옮김 | 값 18,000원

파스타 꼬레

한식 재료로 만든 가정식 퓨전 파스타

1판 1쇄 발행 2016년 3월 21일
개정증보판 1쇄 발행 2023년 10월 9일

지은이 | 목진희
발행인 | 장인형
임프린트 대표 | 노영현

펴낸 곳 | 다독다독
출판등록 제313-2010-141호
주소 경기 고양시 덕양구 청초로 66 덕은리버워크 A동 2003호
전화 02-6409-9585
팩스 0505-508-0248
이메일 dadokbooks@naver.com

ISBN 979-11-91528-18-3 13590

잘못된 책은 구입한 곳에서 바꾸실 수 있습니다.
다독다독은 틔움출판의 임프린트입니다.